C

18120

LETTRE

DE

M. LE MARQUIS

DU CHASTELER

A MONSIEUR L'ABBÉ MANN;

Relativement aux Grandes-Fermes.

Ff ij

LETTRE

DE

M. LE MARQUIS

DU CHASTELER

A MONSIEUR L'ABBÉ MANN.

Le manufcrit que vous avez bien voulu me con-
fier, Monfieur, relativement aux grandes fermes à
leur utilité ou à leur défavantage, m'a d'autant plus
intéreffé, que je regarde cette queftion comme l'une
des plus effentielles aux progrès de l'agriculture.

Les grandes fermes, comme vous l'avez obfervé,
font avantageufes aux familles cultivatrices qui parvien-
nent à en obtenir, mais cet avantage reftreint à un
petit nombre de familles, devient la ruine d'un grand
nombre d'autres, dont l'induftrie refte étouffée faute
de moyens de fe développer. Rien contrafte - il
d'une maniere plus marquée au bien-être général de
la fociété ? C'eft cependant ce bien-être qu'on doit
toujours avoir en vue : fermons l'oreille aux reclama-

tions intéreſſées de tels ou tels individus: ces réclamations particulieres ſont ſuſpectes & ne doivent pas ſéduire le vrai philoſophe que l'amour ſeul de l'humanité doit guider.

Après avoir évité ce piege, examinons les vrais principes qui doivent ſervir à fixer la ſolution de la queſtion qui nous occupe.

Les miens, Monſieur, & j'en ſuis infiniment flatté, s'accordent avec les vôtres : vous vous en convaincrez en liſant ce que j'ai écrit ſur la population dans le mémoire que j'ai envoyé au concours de l'Académie & qu'elle a couronné en 1778 (a).

Vous y trouverez ces mots *la population n'eſt jamais arrêtée que par le défaut d'émulation ou d'occupation.* Ne ſeroit-ce pas là cette ſolution que nous cherchons?

S'il eſt prouvé, comme je le crois certain, que les grandes fermes nuiſent à la population (b) tandis que leur diviſion l'encourage ; tout doute vient à ceſſer & cette réponſe ſeule ſeroit peut-être ſuffiſante : je crois cependant devoir y ajouter quelques détails qui fortifient ſinguliérement votre opinion & la mienne.

Conſultons d'abord l'expérience : elle nous apprend que le fermier d'une grande ferme en deſtine aſſez ſouvent une partie, un vingtieme par exemple, à l'uſage de ſes moutons ; ce qui nuit à la culture, les moutons n'étant vraiment utiles & ne fourniſſant une laine précieuſe que dans les cantons ou le ſol eſt ingrat & peu propre à produire d'abondantes moiſſons.

Le fermier d'une petite ferme ne laiſſe pas un

---

[a] P. 71-73.

[b] Souvent de gros fermiers, à qui je demandois pourquoi leurs enfans ne ſe marient pas, m'ont répondu que c'étoit parce qu'ils ne pouvoient leur procurer des fermes : ſi elles étoient plus diviſées elles ſe multipliroient, & l'enfant du fermier ne languiroit pas dans un célibat forcé.

pouce de terrain inculte & il cultive d'un maniere bien
plus fécondante : d'ailleurs fon terrain moins étendu
ne demande ni une furveillance ni des avances au-
deſſus de fes forces : on me répondra peut-être que
les petites avances que doit faire le fermier d'une
ferme médiocre lui font plus onéreuſes que celles plus
conſidérables qu'eſt obligé de faire le gros fermier ;
c'eſt une erreur : une avance eſt utile ou onéreuſe à
raiſon de fon produit, or celle que fait le petit fermier
lui rend bien plus d'intérêt que n'en retire le gros fermier de celle qu'il confie à la terre.

La raiſon en eſt, que les entrepriſes en petit réuſſiſ-
fent toujours plus fûrement que celles en grand, parce
qu'il n'eſt donné à l'homme qu'un degré borné d'intelligence & de furveillance ; ſi le petit fermier con-
facre toute ſon intelligence & toute ſa furveillance à
la culture de 25 arpens & le grand à celle de 100 ou
200, les 25 feront mieux cultivés, parce qu'ils abfor-
beront toute l'induſtrie de leur maître qui eſt égale
à celle que le grand cultivateur doit partager entre
ſes 100 ou 200 arpens : auſſi ce dernier eſt-il forcé
de ſe décharger d'une partie de la furveillance ſur ſes
oùvriers, tandis que l'œil de l'autre embraſſe tout ſans
fecours étranger.

Ajoutons à cette obfervation que le journalier, qui
travaille en préfence de celui de qui il reçoit ſon ſa-
laire, fait bien plus d'ouvrage & un bien meilleur ouvrage que celui qui travaille loin de lui.

Il faut auſſi remarquer que les terres du gros fermier s'étendent à une plus grande diſtance de la ferme qu'il habite : il en réſulte que le temps que les
ouvriers, les chevaux ou les bœufs emploient pour ſe
rendre aux endroits qu'ils doivent cultiver eſt dérobé
à la culture, tandis que le petit fermier eſt à l'abri

de cet inconvénient, qui se fait sur-tout sentir au moment de la moisson.

Je sais que les partisans des grandes fermes allèguent pour appuyer leur sentiment la possibilité qu'ont les gros fermiers de risquer des expériences utiles; mais ces expériences, qui n'échouent que trop souvent aux premiers essais, me paroissent bien plutôt du ressort des riches propriétaires, ils n'y exposent que leur superflu, le fermier au contraire y emploie une partie de son nécessaire : d'ailleurs le temps consacré à ces expériences est pris sur celui qu'il doit à la culture ordinaire, & le grand fermier n'a pas de temps à perdre : ne seroit-il pas à craindre aussi que le goût de la nouveauté ne l'entrainât nécessairement dans des essais réitérés qui absorberoient l'attention qu'il est obligé de donner aux ouvrages de premiere nécessité ?

Il est sur-tout essentiel de jetter un regard attentif sur la généralité des cultivateurs ; il faut éviter de n'envisager comme tels que les fermiers : ce ne sont pas eux qui donnent à la terre ce degré de fertilité qui étonne lorsqu'on le compare au produit des grandes cultures ; elle ne s'acquiert que sous la main laborieuse du journalier, dont l'héritage n'est que trop souvent borné à quelques verges de terre.

En diminuant les grandes fermes le journalier ne sera plus réduit de restreindre son industrie à quelques verges ; il pourra se procurer un ou deux boniers, & c'est ce qui est nécessaire à l'entretien de sa famille ; si même l'on pouvoit parvenir à augmenter la population au point, que toutes les terres puissent être ainsi divisées, on verroit une abondance singuliere distinguer le canton ainsi divisé, & donner aux cantons circonvoisins le desir de suivre cet exemple :

l'agriculteur

l'agriculteur auroit des momens de repos qu'il pourroit confacrer à certaines manufactures, ce qui le ren-
droit doublement utile à l'état.

Dans le pays, au contraire, où le journalier ne peut
fe procurer le terrain néceffaire à l'entretien de fa famille, il eft prefque réduit à une condition pire que
celle des efclaves, au fentiment de la liberté près , jouif-
fance ineftimable fans doute , mais peut-être plus idéale
que réelle.

Mais fi le défaut de terres à cultiver rend plus dure
la condition des journaliers, l'état dont jouit le fermier d'un grande ferme, ne feroit-il pas contraire aux
principes de la faine politique, qui exige que chaque
individu s'applique à remplir le rôle qu'il joue dans
la fociété de la maniere la plus utile & la plus ana-
logue à l'état qu'il a embraffé?

Le gros fermier & fa famille s'habituent à comman-
der à de nombreux journaliers , ils fe croient infenfi-
blement d'une claffe fupérieure à eux ; fentiment per-
nicieux , qui leur fait méprifer des travaux qu'ils aban-
donnent à la négligence des mercénaires, pour s'oc-
cuper d'affaires étrangeres à l'agriculture.

Qu'arrive-t-il? Ils deviennent la proie de l'inquiétude
de l'avenir , de cette ennemie capitale du bonheur
des humains : ils ambitionnent de tirer leur famille
de la claffe des payfans, le fort de ceux qui vivent
en ville excite leur jaloufie, ils fentent que leur opulence les en rapproche , dès-lors ils dédaignent de s'ap-
pliquer à perfectionner leurs travaux champêtres, &
ils épient l'occafion de les abandonner : ils s'occupent
du foin de trouver des filles riches pour les unir à
leurs fils & des gendres opulens pour faire briller leurs
filles : que s'enfuit-il? La campagne eft privée d'un

riche cultivateur, tandis que les villes fe peuplent de plus en plus de citoyens, qui n'en ayant que des idées très-éloignées du vrai, y perdent fouvent leur fortune & leurs mœurs.

L'opulence exceffive des fermiers eft la ruine de l'agriculture ; leurs foins & leur vigilance diminuent en même proportion que leurs befoins.

Ce n'eft que la néceffité qui fait fupporter à l'homme les travaux corporels, cette néceffité vient-elle à ceffer ? les travaux font abandonnés aux domeftiques, & la terre qui n'eft plus cultivée par la main intéreffée du fermier, lui refufe bientôt une moiffon auffi abondante, que celle qu'elle accordoit à fon activité.

La négligence du journalier eft naturelle ; qu'il enfonce avec effort un fillon profond, ou qu'il trace fans peine un fillon fuperficiel, fon falaire lui eft également payé : le fermier au contraire ne regrette pas les fueurs dont une récolte plus riche eft la récompenfe : la vie de ce petit fermier eft même peût-être plus heureufe : a-t-il fini fon travail ? il fe retire chez lui préfqu'uniquement occupé du foin de réparer fes forces pour retourner le lendemain les confacrer à la culture, le préfent feul l'occupe, il fe couche fans fouci dans les bras d'une époufe, qui a partagé fes foins, & qui en trouve le foulagement en le lui procurant à fon tour (*a*). C'eft le defir d'avoir une compagne de fes

---

(*a*) Ille fuos hominum fortunatiffimus agros
Diligat, obfcuro qui rure colonus
Exiguus voti, parvoque affuetus, edaces
Aut curas, aut fpes animo non pafcit inanes.

travaux, qui l'a déterminé au mariage; il l'a choisie avec discernement parmi les filles les plus laborieuses du canton; c'est l'amour du travail qui est la dot la plus précieuse d'une villageoise ordinaire : ces époux voient avec complaisance leur famille augmenter : ce font de nouveaux bras qui croissent pour l'agriculture, & c'est pour leurs travaux un vrai soulagement, tandis que l'accroissement de la famille du grand cultivateur devient pour lui une vraie charge, parce que ses enfans ne lui paroissent pas faits pour partager les travaux serviles de ses domestiques.

Telles font les raisons qui m'ont déterminé à regarder les grandes fermes comme nuisibles; je dois cependant y ajouter une observation pour prévenir les inconvéniens, qui pourroient résulter d'une aveugle adoption de mon système.

L'établissement des petites fermes est presque impossible dans les cantons peu peuplés, c'est-à-dire, que les divisions ne doivent se faire que successivement, & fait à fait qu'une division précédente, en augmentant la population, aura facilité une nouvelle subdivision.

Si cependant le nombre des habitans est tel dans les contrées voisines, qu'ils n'y trouvent facilement des terres à louer, le propriétaire industrieux doit chercher à les attirer chez lui, & l'avantage qui lui en reviendra, ne tardera pas à se faire sentir d'une maniere remarquable.

Qu'on ne croie cependant pas, que la transplantation d'un paysan à huit ou dix lieues du village qui l'a vu naître, soit aussi facile qu'on pourroit l'imaginer; l'habitant de la campagne n'a guere de liaisons plus étendues qu'à une ou deux lieues de son habitation,

& la ville voifine où il débite fes denrées, eft le terme de fes rapports.

S'éloigner de huit ou dix lieues, c'eft pour lui quitter fa patrie; c'eft, dans toute l'étendue du terme, s'ex-
payfer; j'en parle par expérience : on peut néanmoins
obvier à cet inconvénient, en attirant le cultivateur par
des avantages réels : au fecond bail, il eft déja natu-
ralifé dans fa nouvelle demeure, & de nouvelles liai-
fons la lui rendent déja chere, il les romproit avec
un regret égal à la répugnance qu'il a eue à quitter fes
premiers foyers.

Je finirai ces obfervations par répondre à une objec-
tion que plufieurs propriétaires m'ont faite : fi nous di-
vifons nos fermes, m'ont-ils dit, nous devrons multi-
plier les bâtimens, & cette dépenfe nous ruinera en
abforbant plufieurs années de notre revenu : je pour-
rois me borner à répondre que l'excédent du loier d'une
petite ferme, dédommage avec ufure de l'intérêt de la
fomme avancée, mais je crois qu'il y a une méthode
plus avantageufe de parer à cet inconvénient.

Je ne diffimulerai pas que l'entretien des bâtimens
néceffaires a une ferme quelconque, ne foit très-oné-
reux au propriétaire ; mais lorfque les habitans ont des
maifons en propriété, ces bâtimens deviennent inuti-
les : partout où le payfan a une maifon qui lui appar-
tient, les terres fe louent avec facilité, & le propriétaire ne doit conftruire aucun bâtiment. Les payfans
n'ont-ils pas de maifons ? Louez - leur des terres à long
bail (de 99 ans) à charge d'en bâtir : l'empreffement
pour obtenir ces terres ne vous laiffera que l'embar-
ras du choix : l'induftrie du payfan lui fait aifément
trouver les moyens de fe loger & d'entretenir fon lo-
gement : cette méthode lui eft même fi avantageufe,

que pour avoir des terres à long bail, il en paie un tiers
& plus par an.

Si vous fouhaitez , Monfieur, des éclairciffemens
ultérieurs fur cet objet, je n'omettrai rien pour vous
les procurer ; defirant vous prouver en toute occafion
l'amitié avec laquelle j'ai l'honneur d'être,

M O N S I E U R ,

Votre très-humble &
très - obéiffant ferviteur
DU CHASTELER.

www.ingramcontent.com/pod-product-compliance
Lightning Source LLC
LaVergne TN
LVHW050238060726
842525LV00007B/2727